内衣创意联想设计

AR内衣
产品运营
丛书

杨雪梅　冯　巍　范胜彬 —— 著

Underwear

Creative

Association

Design

 化学工业出版社

·北京·

内容简介

　　本书从培养内衣创意设计思维的角度出发，用创意场景图和散文诗一样的描述来呈现设计效果，以期能引导读者寻找设计要素和细节，从而发现内衣的设计逻辑，唤醒内衣创意设计的灵感。全书包含家居服、文胸、泳装和塑身衣四个品类，共 51 款服装。本书结合增强现实技术（AR 技术），将多媒体、三维建模、实时视频显示等新技术有效融合，构建出完整的虚拟知识环境，能更高效、更快速、更便捷地培养服装创意设计思维。本书配套 APP "内衣 AR" 软件，可在手机应用市场搜索并下载，用手机扫描书中的图片，即可观看每一个款式对应的虚拟人模穿着展示。读者既可查看该款式的造型设计、纸样绘制和缝制工序图分析说明，又可观看款式的创意动漫视频，还可以进行款式组装设计或者通过配色小游戏来练习色彩设计。

　　本书既可作为高等院校服装专业的教学用书，又可作为服装从业人员的学习用书。

图书在版编目（CIP）数据

　　内衣创意联想设计/杨雪梅，冯巍，范胜彬著. —北京：化学工业出版社，2021.10（AR内衣产品运营丛书）
　　ISBN 978-7-122-39807-9

　　Ⅰ. ①内… 　Ⅱ. ①杨… ②冯… ③范… 　Ⅲ. ①内衣—服装设计
Ⅳ. ①TS941.713

　　中国版本图书馆CIP数据核字（2021）第174857号

- -

责任编辑：李彦芳
责任校对：宋玮
装帧设计：史利平

- -

出版发行：化学工业出版社
（北京市东城区青年湖南街13号 邮政编码100011）
印　　装：北京捷迅佳彩印刷有限公司
787mm×1092mm 　1/16 　印张 7 　字数 150 千字
2021 年10 月北京第 1 版第1次印刷

- -

购书咨询：010－64518888
售后服务：010－64518899
网　　址：http://www.cip.com.cn
凡购买本书，如有缺损质量问题，本社销售中心负责调换。

- -

定　　价：98.00元

本书根据内衣款式流行趋势，结合内衣品类结构特点和工艺难点等因素，创意性地设计了 7 款家居服、13 款文胸、17 款泳装、14 款塑身衣，共 51 款内衣，并用创意场景图和散文诗一样的描述来呈现最终的设计效果。本书配套 APP "内衣 AR" 软件，可在手机应用市场搜索并下载。

"内衣 AR" 软件作为平面实体信息知识引导，利用增强现实（Augmented Reality，简称 AR）互动技术，为读者提供超越现实的感官学习体验，包括三维虚拟展示、创意动漫展示视频、款式组装设计、产品配色设计，纸样绘制、缝制工序图等内容。读者用手机扫描书中的图片即可观看对应的虚拟人模穿着展示及相关内容。

"AR 内衣产品运营丛书" 由杨雪梅担任主编，冯巍负责创意图设计、范胜彬负责文字内容；本书配套 APP "内衣 AR" 手机版和电脑版系统开发由杨雪梅和曹迪辉总负责；各个款式设计、产品配色设计及款式描述、纸样设计等由杨雪梅负责；虚拟人模展示由杨雪梅和洪勤真协助设计。

"AR 内衣产品运营丛书" 是 "广东省高教厅重点平台——服装三维数字智能技术开发中心" 的教学研究成果，相关内容也可以在 "服装三维数字智能技术开发中心" 平台网站查询。同时感谢惠州学院出版基金资助，感谢服装三维数字智能技术开发中心平台的合作公司深圳格林兄弟科技有限公司给予的大力支持。

杨雪梅

2021 年 9 月

目录

第四章
塑身衣创意联想设计　081

第一章

家居服
创意联想设计

第一节
宽松短款式

一、月色

特点：浪漫、活泼、知性。

说明：月夜，清凉如水，让人情不自禁地将其与女性的柔美特征结合起来。然而，现代都市快节奏中的女孩们，"柔美"已不再是显著特征。也许，一点点明亮的黄，恰恰代表了那份活泼、那份自信与那份自我欣赏。

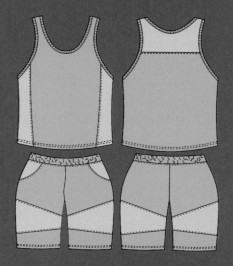

梦想中的生活，是一个人在房间里听着温柔的歌曲，读着有温度的书。微风穿堂而过，慵懒松弛地沐浴在月光下，灵魂与温柔同行，与浪漫共鸣，在夜色中安然地洗涤。

喜欢怀念过去，
那里四季繁华，
流淌着时光的余温，
徐徐成诗。
毅然地走在当下，
迎着炙热的青春，
如一朵向阳花，
骄傲地昂首，
潇洒狂奔。

二、太阳花

特点：温暖、梦幻、浪漫。

说明：生活中，我们时常低着头匆忙赶路，走着走着，却突然发现脚下的路迷失了方向。在迷茫中找不到方向的你，是否想过抬起头？听说太阳花会在你抬头的瞬间绽放，明亮的花朵会让你想起自己最初的梦想。

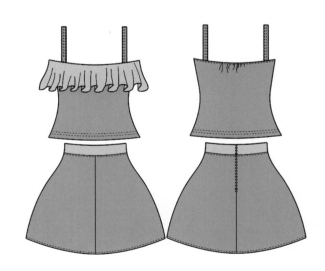

第二节
罩杯式款式

一、水果系列

特点： 可爱、柔情。

说明：该系列的视觉灵感来源于热带水果以及水果酿制的果汁。看上去甜美可口，身心愉悦。视觉上主要突出女性的甜美、温柔、感性与亲切，同时又不失活泼灵动的特点。

她在水果的海洋中畅游，扔掉所有的苦与涩，尽情享受甜美与清新。青春飞扬的岁月，让每一天元气满满。

二、潘神之歌

特点：宁静、梦幻、神秘又温暖。

说明：当夜晚降临的时候，据说，潘神会唱着悠扬的歌，款款走进那些孤独者与迷失者的灵魂中，在她们的梦中送去慰藉。潘神所到之处花朵盛开，草木繁盛，于是，灵魂不再迷失与孤独，她们在潘神的歌声中找到了安宁。

这世间有青山灼灼，草木葳蕤。

轻嗅春风翩翩，忘却孤独，那是梦幻亦是美丽。

这黑夜有星光冉冉，灯火繁华。

轻抚晚风渐渐，带你走出迷茫，那是安宁，也是温暖。

第三节
连体裤款式

一、糖果女孩

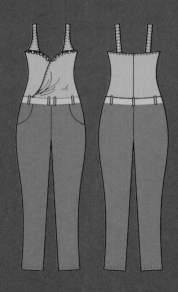

特点：活泼、可爱、特立独行。

说明：世间的女孩有千万种，你愿是哪一种？有一个她，不循规蹈矩，不随波逐流，从不刻意标新立异，却总能在茫茫人群中脱颖而出。

在窗边嚼着糖果，
我仰望星光月亮，
俯看清泉小溪。
我把所有美好的事物，
都藏进了甜甜的时光里。
从此岁月于我无忧，
我特立独行。

灯光下的你璀璨耀眼，光芒里的故事从岁月的长河中踏梦而来，跫音悠悠。我仿佛在哪个世界与你见过，恍惚间你便消失不见，可我依然为你的片刻停留而感到无与伦比的高兴。

二、宝石

特点：现代元素与古典美的结合。

说明：当你置身博物馆时，当你浏览一系列经典的图案时，当你打开一本古老的书籍时，总能发现某些元素似曾相识。在悠悠历史长河中，能一直流传至今的，总能打动每个时代的人。

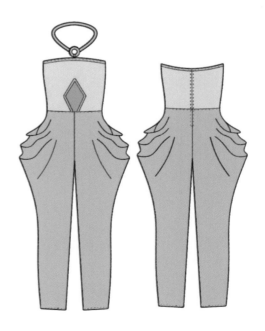

第四节
裙装款式

美好的小惬意

特点：舒适、自由、随意，享受生命中的小惬意。

说明：午后的下午茶时间，放松因忙碌而紧绷的身体，挑一个靠近窗户阳光充足的位置，手捧喜爱的茶或是咖啡，闭上眼睛细细闻一闻空气中的味道，你会收获阳光的香气。

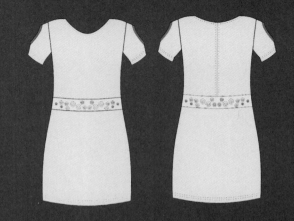

春日的午后最是迷人，桌上放一杯温暖的红茶，身边有一只慵懒的猫。

生活的轮廓在午后熠熠生辉，我眯着双眼细细品味，咀嚼自由与惬意的芳香。

第二章

文胸
创意联想设计

第一节
半罩杯款式

一、生命

特点：柔美、安静、惬意、神秘。

说明：富有女性柔美感的淡粉色与象征
生命的绿色相结合，体现出一种弥漫着
植物香气的静谧。它仿佛是置身于百草
丛中的一个安静、神秘的精灵。

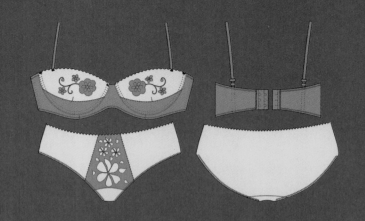

春风携着绿意，衔着花香，把我从静谧的百草丛中惊醒。萌芽舒展着懒腰，绿色的世界向我微笑。

万物复苏，生机蓬勃的世界，悄然拉开帷幕。

二、绿音

特点: 清新、柔美、亲切、流动。

说明: 生命就像绿色的音符,
在不同的阶段演奏、散发出
不同层次与味道的生命之光。
女性如水,生命在水中孕育、
生长、茁壮、繁衍……

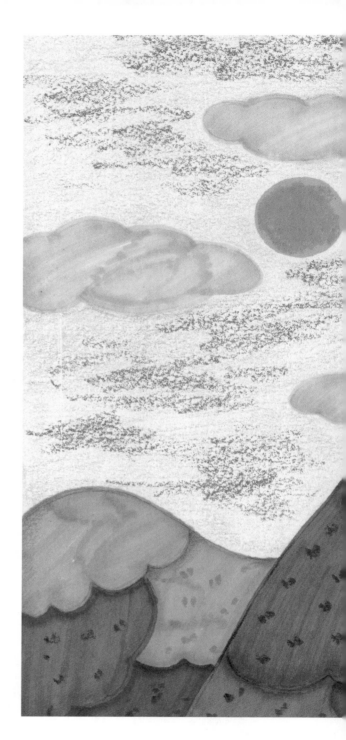

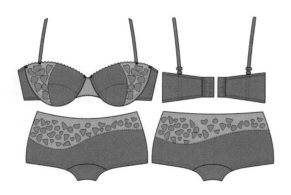

绿色的音符平铺大地，山林中的演唱会缓缓奏起。

清风摇着绿荫为我伴奏，流水敲打着沙石为我击鸣，鸟儿一展天籁为我和声。

朝气蓬勃，灿若晨曦。绿音之处，皆是生命之光。

清澈的蓝,悄然潜入女孩的梦。

你的梦里皆是云朵,盘旋着动听的歌声。

我轻轻地适着步伐,低声地应和。

那个有梦的女孩啊,她永远不会长大。

三、女孩的梦

特点：梦幻、柔美、灵动与可爱。

说明：也许你正在经历那个爱做梦的年纪。梦里的你，天马行空，任意驰骋，梦里的你能够变成任何你想要的模样，能得到你想要的一切。梦想的气泡散发着香气，将你包围，你因有梦而显得愈发动人。

四、月光女孩

特点：浪漫、神秘。

说明：该系列的灵感来自于夜晚的静
谧与女性的浪漫和细腻。文胸是私密
的，也许正是因为它们的非"公开化"，
使得精致的文胸与情感细腻的女人之
间搭建了只属于她们之间的秘密桥梁，
正如同夜晚的皎洁月光洒在幽静树林
里的那份神秘、安静。

月色无垠，薄雾氤氲。

斑驳的树影下，藏着这世间最美丽的秘密。

我穿过静谧的星河，月光下的我未回头，但知人间皆是你。

第二节
四分之三罩杯
款式

一、沙漠和绿洲

特点：反差、相辅相成、生命与希望。

说明：一望无边的沙漠，似乎从来没有生命
的足迹。你悠扬的笛声响起时，却令沙漠有
了生命的颜色。原来，生命的奇迹就在于此，
一点希望，一点阳光，一点绿的滋润，一段
悠扬的笛声……就仿佛枯木逢春，生命的种
子，从此萌芽。

干枯与湿润，沙漠与绿洲，活泼与静雅。

所有的矛盾结合于你一人之身，却又显得理所当然。

沙漠是你，绿洲也是你；绝处是你，希望也是你。

二、星光下的梦

特点：天真烂漫、充满幻想与乐观美好。

说明：当夜色降临，躺在柔软的草地上，闭上眼，幻想自己正躺在星光与夜色织就的毯子上，那散落在花园里的点点光亮的，是星星的碎片吗？

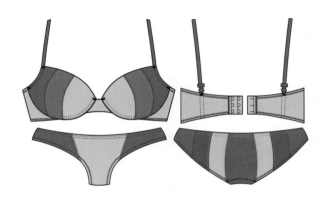

我躺在星光与夜色织就的毯子上，沉醉于万丈星河之中，悄然入梦。

我梦见了清晨细雨，梦见了翠绿清林。梦见了春风、暖阳，还有你。

三、暖

特点：低调与华丽、虚与实、质感与线条的对比与统一。

说明：有些红色是专属于女人的，它感性、温情却又不失个性。有些质感也是专属于女人的，它虽然轻若无骨，却恰恰能凸显女性的神秘与细腻。你会选择谁来陪伴左右？一定是最懂你的，不管它是一个宠物，或是一件衣物。

晨晓，暖阳入梦。

我忽然遇见，站在阳光下的金发少年。

怡人的笑容，清澈的眼神。

你牵住了我的手，掌心传来的温度。

怦然心动，涟漪心房。

第三节
全罩杯款式

一、春天

特点： 凸显女性的细腻与典雅，温柔又不失个性的力量之美。

说明：我闻到了窗外飘来的惬意的香气。柔软的窗帘卷着春天的气息轻轻飘进了房间，就着这暖暖的风、柔和的阳光，拿起一本喜爱的书来静静阅读，也不失为一种幸福。

柔软的气息叩响我的鼻腔，淡淡的清香将我从深眠中唤醒，微风扶起我僵硬的身躯。

温柔的阳光透过窗台，在我耳边缠绵轻语，春天来了。

夜色如墨深沉，万籁俱寂。

你从梦里而来，光芒万丈。

光里是你的眼，仅是一瞬，就包容万千。

我枕在绿色之中，

藏进你深邃的眼眸。

二、梦与女孩

特点：清新、甜美、纯洁。

说明：暖绿色，总能给人舒展与自然
的安全感。那个爱做梦的女孩和她的
伙伴，沉浸在这片绿色的梦幻世界
里，她们的梦，是否也是暖绿色的？

三、绽放

特点：轻盈、娇美、纯净、灵动。

说明：就像盛开在水中的蓝莲花，在层层叠叠
的叶片的簇拥下，一朵娇艳欲滴的"女人花"
呼之欲出。绽放在如梦如幻的蓝色涟漪中，随
着醉人的风摇曳。

湛蓝色的花花朵中，孕育着绝世的芳华。

沁入心扉的风，描成着你出尘的身姿。

蓦然间，你扬起了人间的涟漪。

遇见你的绽放，是我在世间最大的幸福。

第四节
三角杯款式

一、陪伴

特点：优雅、靓丽、静美。

说明：有一种陪伴，它从不刻意渲染自己的
存在，也不会因为爱着你而让你自己渐渐失
去自我，就那么一直暖暖的，光鲜可爱的，
安静地守候你，在你需要的时候拥你入怀，
陪伴你，给你温暖和力量。

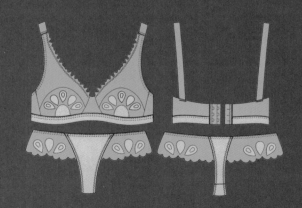

你说你会陪伴在我身边，跟我一起走每一个一百步。

可当我走到第一百零一步时，回头却撞入了你的怀抱。

你说你的陪伴是有期限的，这大概是一个永恒的谎言吧！

美丽的女人，一向懂得怎样宠爱自己。

在自己的内心深处放一颗骄阳，光芒闪耀，热情万丈，永不熄灭。

远离世界纷扰，我们只要宠爱自己。

二、宠爱

特点： 艳丽、活泼、妩媚、感性。

说明：美丽的女人，一向懂得如何宠爱自己，她明白自己需要什么，热爱什么，前方的目标是什么，生活中最需要关注的地方在哪里。于是，她愈发的美丽和美好。

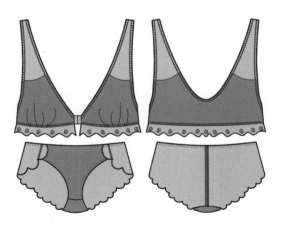

第五节
抹胸款式

发现自我

特点： 自然、甜美与纯净。

说明：人与自然，从来都是不可分割的两个世界。我从自然中获得了美好与力量，自然在人类的衬托下则显得更加的美丽与富有生气。

我藏在了你的世界里漫天星辰之下，

我安静地等待。

四季变迁之中，我默默地守候。

在错过中目断魂销，

在岁月里涅槃重生。

第三章

泳装
创意联想设计

第一节
套装款式

一、荷塘清芬

特点：阴柔美、线条美、冲突美。

说明：荷花在悄悄绽放，淡淡的幽香在水面
上轻轻浮动，那位清新明媚的女子宛若芙蓉
仙子——娇美、脱俗、自在。

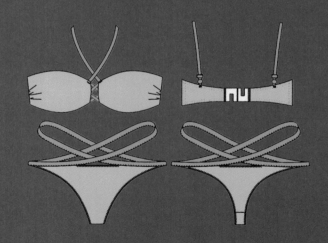

怡途蝉鸣蛙叫，月色朦胧，清风送荷香。

我在梦中打开天窗，乘着月色，流进荷塘，捧一手荷香入梦。

二、璀璨碧波

特点: **闪亮、灵动、性感、活泼、不对称设计。**

说明:蓝色,充满梦幻的色彩。蓝色泳装,
让女孩如一个轻盈的精灵,在轻柔面料的
质感与闪光花色的点缀下更加灵动且富有
梦幻感。不对称造型,更增添了几分活泼
与个性。

只因远远一瞥，我便迷醉其中。
那是一刹那的凝视，
也是一瞬间的永恒。
那是最璀璨的银星，
也是我的全部未来。

三、蓝波爵士

特点：神秘、梦幻、感性、舒适。

说明：夜晚的海面，微波荡漾，幽幽的亮光闪烁着。记得那次旅行，坐在轮船上，和友人小酌着一杯红酒，耳边回响着爵士乐，夜色渐深，眼前的景象也仿佛模糊起来……

波光潋艳，海风荡起悠然的歌声。

于是，星星们在舞台上吵闹了起来。

夜空下的梦想四处狂飞，

汇合成一场梦幻的喜剧。

鱼儿在天上遨游，我在海中奔跑。

艳阳把光照进入深海。

我在努力奔跑，只为拥抱那碧海中的艳阳。

这是大海中蕴藏着的自由与无忧无虑，

也是我最爱的漫漫长夏。

四、碧海艳阳

特点：热烈、灵动。

说明：该系列灵感来源于碧蓝的大海和热情艳丽的阳光。想象沙滩上那些欢快奔跑着的人们，想象蔚蓝的海里游动着的色彩斑斓的鱼群，想象如同美人鱼般的女孩们，潜入水下，探索大海深处的美丽。

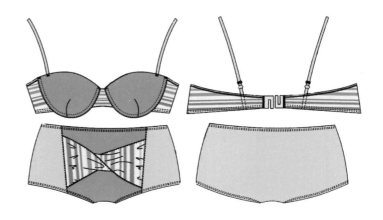

五、嬉戏

特点：活泼、随性、时尚、个性。

说明：假如你仔细观看，大海的蓝色不止一
种，假如你更用心地去感受它，你会发现大
海中不同的蓝恰恰代表了不同的"情绪"。
爱美与用心的女孩，总能发现常常被人忽略
的生活中的细节美。

海风肆散，意随心动。海浪拍动着耀眼的金沙，一呼一吸。

奔跑在沙滩上的女孩，仿佛拥有着飞翔的翅膀。

她向海里飞去，在大海中尽情地嬉戏。

云天相接的地平线上，广袤无垠，那是一场奇妙的梦幻之旅。

碧云冉冉，春风徐徐。

我在蓝天之上，望着你开心的笑容。

我想，是时候离开了。

我得托从我身边经过的风儿。

请它把那根线断开，我将带着你的心情

飞向远方。

六、放飞心情

特点：轻松、明亮、诙谐与欢乐。

说明：古老的印第安人有个传统，在他们行走的旅途中，会时不时地走走停停，他们不是不明白争分夺秒的价值，停下来的原因，是为了等等自己的灵魂。和灵魂同步行走才不至于迷失自己，原来，和灵魂同步才更有价值。我们都应该放慢脚步、看看蓝天、放飞心情，等等自己的灵魂。

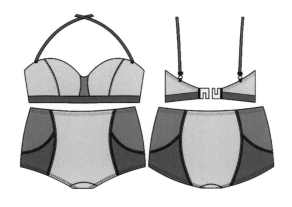

七、月亮的女儿

特点： 神秘、活泼、轻盈、飘逸。

说明：具有反差的配色凸显女性活泼的气
质，淡雅的整体色调又将整体营造出淡雅梦
幻的色彩氛围，线条上强调了飘逸感，更凸
显了如精灵般的活泼与神秘感。

思绪飘荡若无，月色朦胧似醉。

你站在月亮之上，眺望人间。

目光穿越柔软的云层，穿过热闹的人海，寻觅那一处静谧的森林。

那是你与他初次邂逅的地方，缠绕着爱的清芬。

偶然间，
她坠入了一个梦境，
化作了畅游的鱼，又像是展翅的鸟。
往世界的怀抱中去，又往最远处飞翔，
最终，她被包围在五彩斑斓的气泡里，
用指尖刺破气泡，
冲破禁锢，成就自我。

八、共享奇幻之旅

特点：清新、淡雅、梦幻，凸显出精致又别出心裁的设计感。

说明：是在水中还是在太空中？我和你漂浮着，四处闲游着，眼前的奇幻美景飞快闪过，然后化作五彩气泡，闪烁在你我周围，这真是一个奇妙的世界！

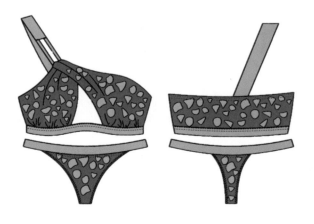

第二节
连体款式

一、水下之旅

特点：鲜亮、轻松、明快、甜美、小性感。

说明：那个甜美又倔强的女孩，她从不满足于平淡的生活，她想要探索不一样的世界，体验探索的欢乐。于是，她毫不犹豫，整装出发，纵身跃入那片闪烁着奇异色彩的大海。你们看，充满奇妙的旅程就此开始……

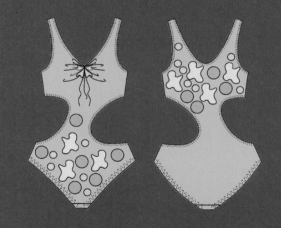

你说，你要在奇异的大海里，寻找那颗属于你们的海蓝宝石。

你只是想探索不一样的世界，当别人还在黑白的世界为冒险的你担忧时，你的世界，早已五彩斑斓。

我想，在海里入梦。梦见我柔软的身躯变成一丛摇动的水草。

我随着海水舞动，像一朵银色的火焰，摇曳在五彩斑斓的世界里。

我要飘到温暖的阳光之上，那里，一定有着另一个奇妙的世界。

二、飘

特点：轻盈、灵动和飘逸。

说明：在静静的海底，暗影浮动，色彩斑斓的水草与植物随着水波跳舞。你，这个水的精灵，静卧在水草丛中，梳理你闪着银光的柔软发丝，就像一团银色的火焰。于是，一曲海的小夜曲悄然奏响。

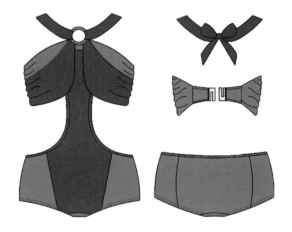

三、度假

特点：活泼、灵动、优雅。

说明：我们时常想要找一段时间将自
己抽离，找个向往已久的地方，穿着
平时难得穿着的美丽衣裳，和自己最
喜欢的他或她来一次美丽的度假，享
受那份慵懒的喜悦，还有那份温暖且
散发着甜味儿的阳光。

她终于来到这个向往已久的地方，告别城市的喧闹，自由自在。

阳光撒在她的连衣裙上，缀上一抹金黄。

我看见她慢慢地起身，轻盈的灵魂仿佛跳跃于海面，舞出一道优雅的弧线，婀娜多姿。

第三节
配服款式

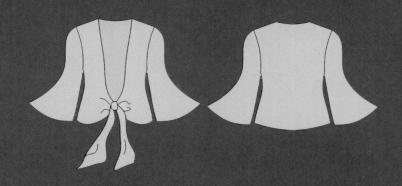

一、海风吹

特点：靓丽、明快、轻盈、富有生命力。

说明：温暖通透的阳光下，躺在暖烘烘的沙滩上，拿起心爱的一
本书，安静地读。在海风的吹拂下，发丝和心绪也随着飘动起来。
我的伙伴，这份幸福，你感受到了吗?

我喜欢海，这是我一个人的事情。
而且我从来不担心没有人可以分享喜悦，
因为聪明的我，将一切美好，都藏在了我
最喜欢的那本诗集里。
这样，当我不经意间瞥见书架上的诗集时，
海风的味道将萦绕心间。

那片海，是蓝色的，那里曾有着关于一个少女的传说。那是一个付出了一切，却什么也没有得到的少女。

我猜她应该还在这片海的某处，因为只有她在这，这片海才是蓝色的。

二、人鱼传说

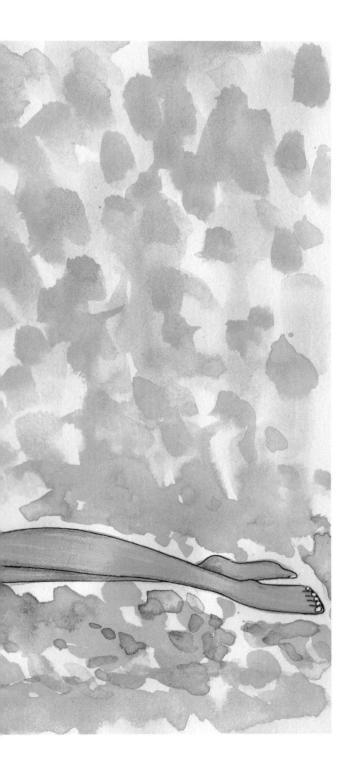

特点: 灵动、飘逸、华丽、俏皮。

说明：蓝色是大海的深邃与神秘，明亮的黄，像海面上闪动的星光与漂浮的花瓣。也许每个痴情姑娘的内心，都住着一个美人鱼的故事吧。

第四节
男装款式

一、祝我生日快乐

特点: 蓝色迷彩的图案设计,营造了一种轻松、浪漫
的休闲氛围,宽松舒适的版型,令穿着者感觉轻松无
束缚感。

说明:不是每一场生日派对都一定有很多你的朋友,
也不是每次生日的庆祝时刻到处充满了蜜糖般甜美的
祝福。也许你更愿意找一个自己喜欢的地方,听着你
爱的音乐,品尝着你爱的食物,举杯对自己说:"嗨,
朋友,生日快乐!"

220 岁的那一天，我独自走在河边。

包里装着你离别时赠送的礼物。

点起蜡烛，我与月色一齐吹灭了它。

春风缱绻，流萤四散。

我仿佛听见你说，祝我生日快乐。

二、探索

特点： 活力、健康、阳光。

说明：大海的世界，深邃而神秘，就像我们面对未知的世界，你会犹豫和徘徊吗？亲爱的朋友，用你的热情投入其中吧，用心地去感受、去发现。

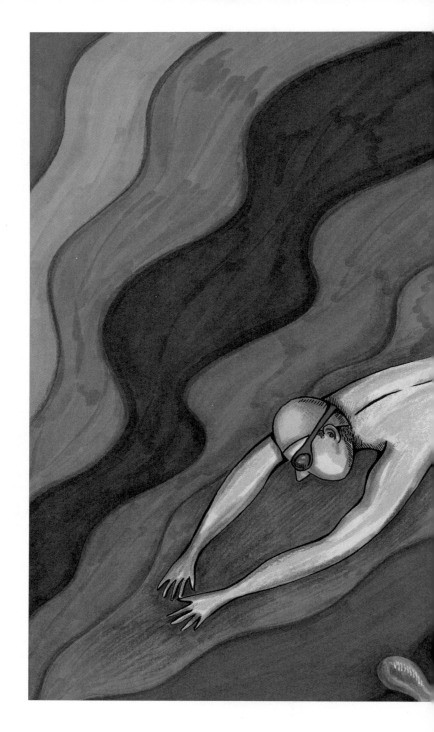

我知道你一定会去，怀着赤子之心，无所畏惧，探索一切。
于是我说不必为了未知犹豫和徘徊远方，就是因为未知才显得有趣。
远方终能寻到你的未来。

三、勇者

特点：明快、力量、勇气。

说明：真实的人生之路，常常并不那么平坦顺利。所以，做一个健康而勇敢的人吧！健康的心能给予你力量，而勇敢能让你在面对困难时有直面拼搏的信心。

多少次无尽的黑夜，你没有被吞没。
多少次岁月的茫然，你没有迷失。
你总喜欢唱着那一首歌倔强向前，
你说，那是勇者之歌。

总有一些梦，只能自己独身追逐，这些涌动的梦，别名孤独。

也许跌倒，也许痛苦，也许怀疑自我，也许忐忑不安。

孤独可以有很多种形式，唯一不变的，是我向前追逐的步伐。

四、涌动的梦

特点：热烈，激昂。

说明：逐梦的路途中，你扮演的是一个什么样的角色？在逐梦的途中，你发现自己竟然是只身一人的时候，你是否会怀疑方向或是忐忑不安？你是选择继续孤独前行？还是选择回到你认为的安全地带？祝福每一个追梦人勇敢向前。

第四章

塑身衣
创意联想设计

第一节
文胸款式

一、玲珑

特点： 大胆的色彩对比，凸显了活泼的个性，面料上点缀的碎花，又体现了女性的细腻与精致，前襟类似肚兜形状的设计，更增添了玲珑之美。

说明： 玲珑雅致的女人，像一个美丽的谜语，又像一颗晶莹夺目的水晶，在不同光线的照射下折射出别样光辉。做一个有趣的女人吧！做一个耐人寻味的女人吧！

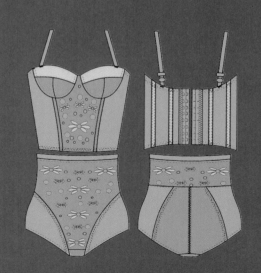

玲珑雅致，岁月静好。

让时间慢下来，迈着优雅的步伐，享受生活。

让灵魂有趣，将宝石的光嵌入岁月，晶莹夺目。此谓玲珑。

我曾是一朵普通的玫瑰,和花园里其他九百九十八朵没有区别。

直到有个人开始在意我,他浇灌我,呵护我,牵挂我,思念我。

从那一刻起,我便与其他玫瑰不一样了,因为那一刻起,我,是只属于他的玫瑰。我,既是玫瑰,也是爱。

正当我想向那个人道谢时,却是他先开口:"谢谢你,让我成为了我。"

二、爱与玫瑰

特点： **紫红色调的色彩选择，给人一种神秘浪漫的视觉感受，独特的线条分割与设置，更增添了小小的俏皮与性感。**

说明：它让人联想到爱情，里面包含着甜蜜、美好、浪漫、神秘和惊喜，在爱的旅途中，最让你感动的是什么？在寻爱的过程中，难道不也是一个自我完成的过程吗？

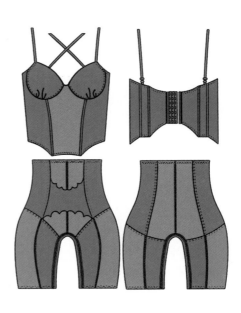

三、金色的舞蹈

特点：舒适合体的裁剪，线条分割上凸显女性健美挺拔的身姿，明亮夺目的色彩选择，凸显女性的活泼、甜美与乐观。

说明：艳丽的阳光，通透，美好。阳光下的你，周身像被镀上了一层金色的光，你在阳光下翩翩起舞，世界也因你金色的舞蹈而焕发出别样的神采。

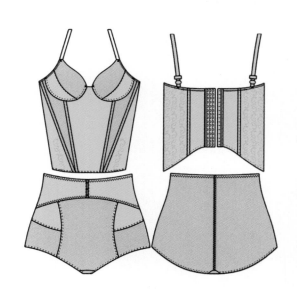

艳丽的阳光下，你赤着双脚，翩翩起舞。

目光所致，皆是明亮的笑容。

世界在为你作画，用着金色的颜料。

每一刻，都是静好的时光；

每一帧，皆是美丽的画卷。

第二节
连体款式

一、爱的小窝

特点： 富有个性的配色与果断明朗的线条切割，凸显了现代女性不盲从、不随波逐流、富有主见的个性特征。

说明：富有主见与热爱生活的女孩，总能安排好自己的一切，她知道什么时候开始忙碌，什么时候该放下手头的忙碌，给自己一个小小的馈赠，比如一杯茶、一本书、或是一个温暖的陪伴。

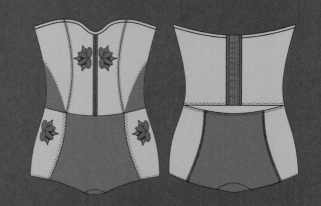

这世界终究会有一个爱的小窝，

我可以饮一杯红茶，

翻阅那没有看完的小说，细细咀嚼生活的味道。

二、天使

特点： 合身而优雅的设计元素的组合，凸显女性的感性与精致。

说明： 有人说，女人是从天上降落在人间的天使，这真是个美丽的说法。可是有时候，我却觉得，也许女人只是天使的另一个化身，就像那个精心制作的和她一模一样的天使娃娃，人世间的天使娃娃，既美丽脆弱，又善良柔软。

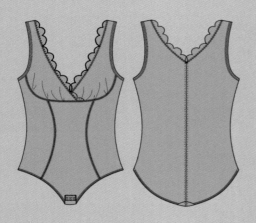

"天使，其实十分脆弱。她们也曾是人类。"

"后来她们怎么变成天使了呢？"

"大概是她们有想要守护的东西吧。所以天使，虽然脆弱，但却勇敢。"

天使温柔地看着刚刚入睡的小女孩。

守护你，是天使的使命。

三、绿色星球

特点：柔和、亲近。

说明：该系列灵感来源于大自然中的绿色元素，给人以健康、舒适的感觉。主要突出对大自然的热爱，同时凸显以女性独有的眼光对于大自然的接纳、欣赏与怡然自得的情绪。

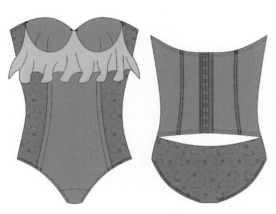

"喂！"绿色的山谷中回音袅袅。

真是个充满活力的小丫头，他想。

"你好！"余音悠悠，响彻山谷。

你好，他回应着。

"你是谁呀？"

我？我叫自然呀，但我一直都在，在你身边。

四、温暖的茶

特点： 低调温和的配色方案，结合流畅优雅的外观线条设计，整体上给人一种安静祥和、悠然自得的惬意感。

说明：一杯茶，让疲惫的你精神为之一振，熟悉的茶香，怡人、清淡，就像老友的陪伴，因为懂得，所以觉得更加温暖自在。

我用一杯香茗品尽世间百态。
温暖的茶水，是你无声的陪伴。
冉冉的热气，缭绕千载的心海。
因为你的到来，我便将万物温柔以待。

第三节
束裤款式

一、美好

特点：典雅的紫色与饱满的橙黄色相互组合，合体的裁剪与舒适的面料，使穿着者的身体更加挺拔美丽。

说明：美好，不同人的眼中会有不同的定义。所谓的美好，有人觉得衣食无忧就是美好，有人觉得拥有陪伴就是美好，也有人觉得拥有姣好的容貌就是美好。美好，也许就是这一刻的一种感觉。

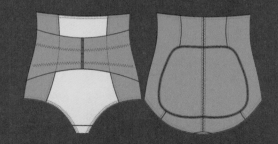

窗外的阳光，融入姹紫嫣红。
岁月的美好，刻进脑海心扉。
　我愿把美好分为两半，
一半留给自己，化柔情于泥瀚。
一半赠予所爱，化流绪入我梦。

我翻箱倒柜地找着珍藏的粉色记忆，那是年少时最纯粹的颜色。那里珍藏着最单纯
的快乐。
当我找到它的时候，世界终于重新变得多彩了。

二、粉色记忆

特点: 一组粉色系色彩的组合,
凸显了女性清纯与温柔之美,
分体设计,让身体更加自如,
在线条分割上使内衣更贴合人
体,增加了舒适性。

说明:粉色,是女人们回忆
年少时代的色彩记忆,一抹
淡淡的粉色,包含了那段时
期的梦想,甜蜜与快乐。把
那段粉色的记忆留驻在心底
深处,它能滋养你的灵魂,
照亮你的心灵,让你常常想
起自己当初最美好的模样。

第四节
背背佳和腰封款式

一、芬芳沉醉的夜晚

特点：优雅、感性与舒适。

说明：静谧的夜晚，微风轻轻吹动，窗外不知
从哪飘来阵阵花香，惹人心醉，让人不禁沉浸
其中，那些只在夜晚开放的花儿，娇柔、敏感，
散发着幽幽的、淡淡的香气，如同安静的女子。

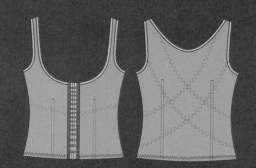

细碎的月光穿过叶的缝隙，点缀只属于你的森林。

花的芬芳惹人心醉，趁你不注意时偷偷潜入你的心灵。

如同初次邂逅，那是只属于你的芬芳沉醉的夜晚。

二、蓝调

特点：柔美线条设计凸显了女性的精致和优雅，
蓝色系的色彩组合使服装显得灵动、感性。

说明：有一群这样的女人，她们喜爱蓝色调的
事物，蓝色，包围着她们的生活，蓝色，让她
们觉得自己更安全，活得更像自己。

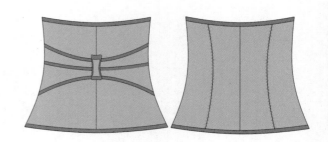

幽深的大海深处，洒落一束光。
万籁俱静中，只有蓝色与我相伴。
总有一天，喜爱蓝色的你，
会为我弹一曲忧伤的蓝调。

第五节
男装款式

一、安静的角落

**特点：富有男性刚毅感的配色与符合人体工程学
的分割线条，显得简练、舒适、含蓄、低调。**

说明：生活是忙碌而琐碎的，所以，我们需要时
不时地在心灵深处打开一扇门，那里有一个安静
的角落。在那里，你可以反观内心，找回自我，
重拾遗落在路上的点点滴滴的智慧的种子。

我在岁月深处，空出了一个地方，一个藏在心灵的角落。

澄澈空灵的角落里，有我迷茫时向前的勇气，有我浮躁时镇静下来的智慧。

忘却喧嚣，推开角落的门，那是仅属于我的天地。

二、远方

特点： 简洁干练的色彩与线条，在确保身体舒适的情况下融入科学元素，显得美观、舒适、健康。

说明：蓝色是梦想的颜色。明亮的黄色让人联想起金色的阳光或是希望的远方。想象自己攀登上一座高高的山，在山顶举目眺望，远处的天空早已被阳光染成一片金黄，眼前大海的美景让你尽收眼底，温暖的太阳给了你前进的勇气。

每当我跌倒、迷失时，
我总会一次次爬起、一次次将自己唤醒。
我始终相信，在我看不到的地方，
属于我的远方，在向我召唤。

三、绿光

特点：大色块的分割方式，整体上对比与和谐相互补充、互相映衬。

说明：在一个慵懒的午后，卸下所有的包裹，享受微风，享受轻柔阳光的抚摸，那一刻，心情是绿色的，拂面的阵阵清风也是绿色的。

惬意的午后里，他坐在窗边。
阳光穿过绿荫，潜进他的瞳中。
微风带着盎然的春意，萦绕发间。
绿光洒满他的房间，辉映成画。
他微笑着，这是生活温暖的一部分。

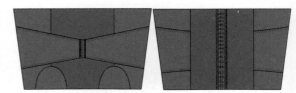